Im Schreibwarengeschäft

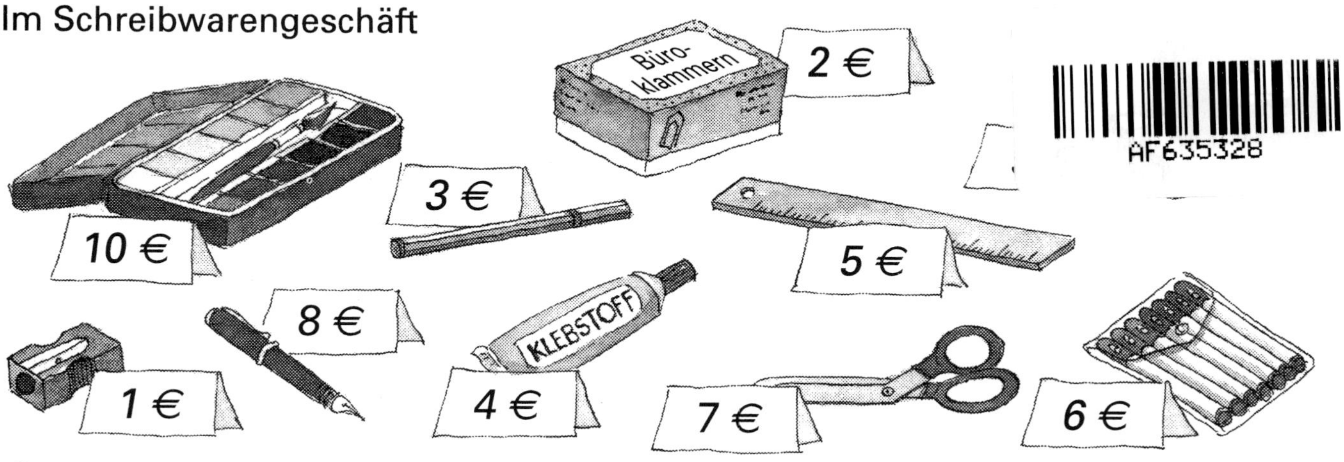

AF635328

1

3 Flaschen Klebstoff
3 · 4 € = ___ €

2 Locher
___ · ___ € = ___ €

5 Faserschreiber
___ · ___ € = ___ €

6 Scheren
___ · ___ € = ___ €

3 Füller
___ · ___ € = ___ €

2

4 Anspitzer
___ · ___ € = ___ €

6 Packungen Filzstifte
___ · ___ € = ___ €

7 Päckchen Büroklammern
___ · ___ € = ___ €

9 Lineale
___ · ___ € = ___ €

3 Faserschreiber
___ · ___ € = ___ €

3

2 Farbkästen
___ · ___ € = ___ €

6 Füller
___ · ___ € = ___ €

5 Locher
___ · ___ € = ___ €

9 Flaschen Klebstoff
___ · ___ € = ___ €

7 Scheren
___ · ___ € = ___ €

4

•	20	50	10
2			
6			

90 40 300 20
120 60 100

5

•	40	90	30
7			
3			

270 630 90 250
280 210 120

6

•	60	70	80
4			
9			

280 720 610 540
240 320 630

7

490 : 70 = ___
630 : 90 = ___
480 : 80 = ___
250 : 50 = ___

5 7 8
6 7

8

720 : 90 = ___
630 : 70 = ___
280 : 40 = ___
270 : 30 = ___

6 8 9
7 9

9

180 : 20 = ___
350 : 50 = ___
560 : 80 = ___
420 : 70 = ___

6 7 9
7 8

Schriftliche Addition ohne Überschreiten

Im Fahrradgeschäft

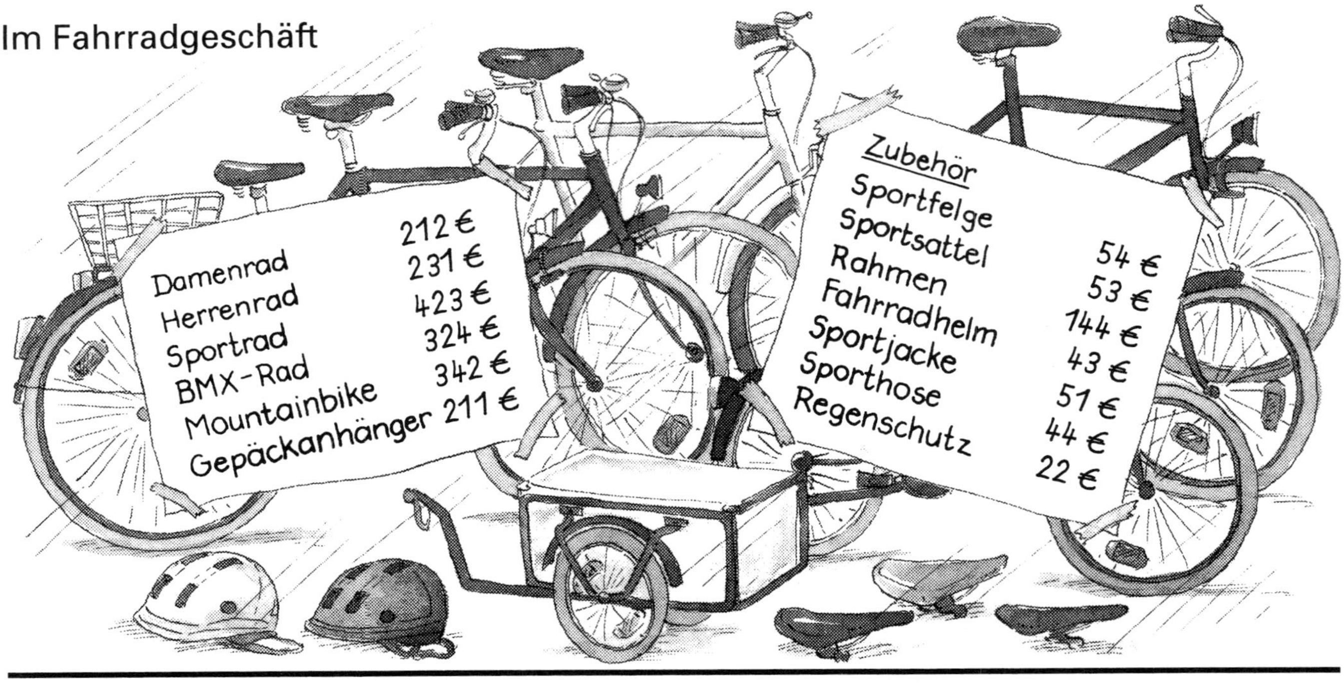

1

Sportrad	423 €
Sportsattel	+ 53 €
gesamt	€

BMX - Rad	€
Rahmen	+ €
gesamt	€

Mountainbike	€
Sportfelge	+ €
gesamt	€

Damenrad	€
Fahrradhelm	+ €
gesamt	€

396 468 455 255 476

2

Damenrad	€
Rahmen	+ €
gesamt	€

Gepäckanhänger	€
Regenschutz	+ €
gesamt	€

Sportrad	€
Sportfelge	+ €
gesamt	€

Herrenrad	€
Rahmen	+ €
gesamt	€

375 233 356 477 543

3

BMX - Rad	€
Regenschutz	+ €
gesamt	€

Herrenrad	€
Fahrradhelm	+ €
gesamt	€

Gepäckanhänger	€
Sporthose	+ €
gesamt	€

Sportjacke	€
Mountainbike	+ €
gesamt	€

255 474 346 393 275

Schriftliche Addition ohne Überschreiten

1

256 + 32 | 437 + 51 | 526 + 31 | 351 + 34

557 482 488 288 385

2

347 + 31 | 283 + 14 | 526 + 22 | 347 + 12

378 548 359 287 297

3

635 + 52 | 762 + 21 | 352 + 24 | 615 + 53

393 376 783 668 687

4

146 + 33 | 374 + 21 | 326 + 42 | 432 + 17

368 179 395 449 453

5

351 + 243 | 564 + 125 | 435 + 162 | 251 + 344

589 689 597 594 595

6

432 + 124 | 125 + 351 | 342 + 124 | 322 + 141

556 476 466 445 463

7

643 + 234 | 478 + 211 | 352 + 341 | 235 + 253

488 689 469 693 877

8

426 + 313 | 152 + 426 | 467 + 231 | 284 + 512

698 687 739 578 796

9 ✶

653 + 111 + 32 | 435 + 32 + 112 | 743 + 123 + 11 | 542 + 123 + 34

877 585 699 796 579

10 ✶

642 + 15 + 131 | 154 + 23 + 212 | 35 + 142 + 222 | 21 + 315 + 141

788 399 381 389 477

11 ✶

523 + 12 + 243 | 352 + 131 + 15 | 23 + 152 + 312 | 412 + 135 + 332

778 498 487 789 879

12 ✶

423 + 214 + 111 | 147 + 221 + 311 | 312 + 124 + 141 | 423 + 134 + 312

679 748 499 577 869

Schriftliche Addition mit Überschreiten

Radio – Fernsehen – Video

1

Fernsehgerät	334 €
CD-Regal	+ 68 €
gesamt	___ €

Antenne	___ €
Verstärker	+ ___ €
gesamt	___ €

Videokamera	___ €
Lautsprecher	+ ___ €
gesamt	___ €

CD-Regal	___ €
CD-Gerät	+ ___ €
gesamt	___ €

419 543 349 573 402

2

Walkman	___ €
Kopfhörer	+ ___ €
gesamt	___ €

Kassettenrekorder	___ €
Radio	+ ___ €
gesamt	___ €

Lautsprecher	___ €
Videogerät	+ ___ €
gesamt	___ €

Fernsehgerät	___ €
Antenne	+ ___ €
gesamt	___ €

277 267 590 110 515

3

Walkman	___ €
Videogerät	+ ___ €
gesamt	___ €

Kassettenrekorder	___ €
Kopfhörer	+ ___ €
gesamt	___ €

CD-Gerät	___ €
Lautsprecher	+ ___ €
gesamt	___ €

Verstärker	___ €
Radio	+ ___ €
gesamt	___ €

377 453 353 479 187

Schriftliche Addition mit Überschreiten

1

357	619
+ 24	+ 13
563	387
+ 28	+ 15

402 381 543 632 591

2

728	369
+ 35	+ 27
547	262
+ 18	+ 39

301 565 763 455 396

3

372	584
+ 35	+ 71
675	486
+ 61	+ 92

655 736 578 407 642

4

672	344
+ 31	+ 75
583	691
+ 94	+ 64

703 755 419 677 721

5

623	412
+ 129	+ 349
518	775
+ 116	+ 218

993 752 761 795 634

6

631	614
+ 259	+ 191
726	553
+ 182	+ 273

890 908 854 826 805

7

438	716
+ 129	+ 126
536	614
+ 173	+ 192

567 709 806 842 721

8

712	653
+ 194	+ 238
482	312
+ 293	+ 119

775 556 431 891 906

Test Schriftliche Addition mit und ohne Überschreiten

576	322	824	327	623	518	437
+ 123	+ 245	+ 123	+ 57	+ 68	+ 219	+ 166
312	776	521	414	257	672	923
+ 618	+ 131	+ 259	+ 243	+ 682	+ 175	+ 29
732	754	856	532	62	93	417
+ 19	+ 75	+ 83	+ 194	+ 793	+ 215	+ 281

Schriftliche Addition

1

346	527
+ 103	+ 102

621	346
+ 303	+ 202

629 449 548 723 924

2

204	306
+ 352	+ 213

508	407
+ 251	+ 282

759 543 689 556 519

3

650	480
+ 243	+ 115

340	770
+ 244	+ 123

584 595 893 671 893

4

423	235
+ 150	+ 360

248	315
+ 630	+ 470

878 785 651 573 595

5

427	375
+ 205	+ 308

259	458
+ 607	+ 209

632 866 789 683 667

6

703	409
+ 248	+ 155

607	201
+ 143	+ 569

770 564 951 852 750

7

780	340
+ 143	+ 275

420	550
+ 393	+ 169

813 719 628 615 923

8

193	587
+ 760	+ 340

299	154
+ 510	+ 690

927 809 844 953 761

Rechne im Heft. Schreibe die Zahlen richtig untereinander.

9
257 + 401 =
308 + 27 =
755 + 9 =
460 + 392 =

764 658 335 852 564

10
150 + 370 =
265 + 92 =
84 + 509 =
9 + 433 =

442 635 593 357 520

11
12 + 270 =
356 + 109 =
438 + 55 =
78 + 109 =

364 493 187 282 465

12
460 + 293 =
807 + 56 =
550 + 93 =
64 + 250 =

314 863 456 753 643

13
673 + 150 =
248 + 309 =
706 + 14 =
280 + 95 =

720 595 375 823 557

14
56 + 208 =
33 + 570 =
436 + 80 =
534 + 209 =

264 572 743 603 516

1

72 + 409	56 + 308
324 + 580	432 + 90

522 481 648 364 904

2

634 + 192	328 + 481
346 + 572	158 + 691

872 918 809 826 849

3

246 + 135	389 + 208
258 + 429	647 + 138

381 785 567 687 597

4

407 + 59	209 + 84
650 + 63	380 + 99

452 713 293 479 466

5 *

524 + 302 + 58	624 + 55 + 240
628 + 70 + 201	537 + 121 + 35

899 884 693 759 919

6 *

66 + 301 + 550	570 + 63 + 122
87 + 291 + 301	648 + 7 + 133

917 788 741 679 755

7 *

658 + 28 + 9	347 + 6 + 139
365 + 109 + 209	468 + 218 + 208

695 492 894 683 654

8 *

356 + 274 + 72	278 + 159 + 51
354 + 33 + 248	129 + 42 + 556

727 488 702 564 635

Test Schriftliche Addition

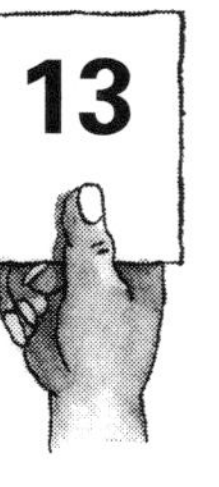

56 + 108	23 + 504	22 + 309	705 + 86	324 + 90	640 + 78	353 + 69
55 + 207	193 + 458	608 + 307	532 + 470	211 + 99	37 + 580	432 + 168
123 + 459	564 + 97	30 + 674	508 + 102	563 + 94	37 + 684	85 + 34

Multiplikation, Division, Sachrechnen € und Cent

1

Ein Klebestift kostet 80 Cent.
Tom braucht 5 Stück.

Tom muss ___ Cent bezahlen.

2

Ein Filzstift kostet 40 Cent.
Julia will 9 Filzstifte kaufen.

Julia muss ___ Cent bezahlen.

Im Bastelgeschäft

3

Ein Paket Fotokarton kostet 6,30 €.
Eine Lage kostet 90 Cent.
Tip: *6,30 € = 630 Cent.*
Ein Paket enthält ___ Lagen.

4

Ein Karton Klebestifte kostet 6,40 €.
Ein Klebestift kostet 80 Cent.

Ein Karton enthält ___ Klebestifte.

5

Ein Etui mit Filzstiften verschiedener Farben kostet 4,50 €.
Ein Filzstift kostet 50 Cent.
Ein Etui enthält ___ Filzstifte.

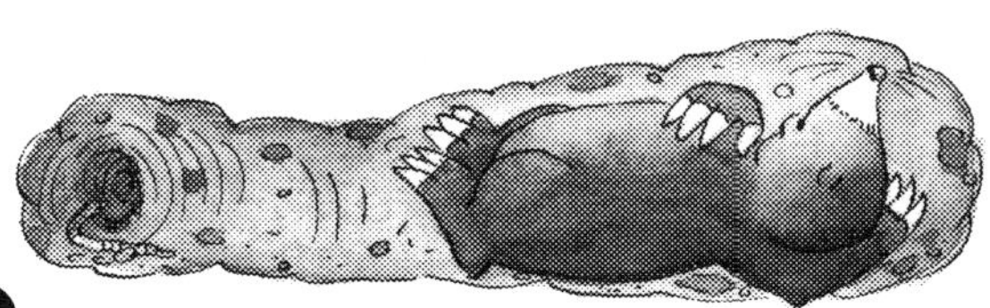

6

1 m Gardinenstoff kostet 30 €.
Frau Heinrichs kauft 7 m.

Frau Heinrichs muss ___ € bezahlen.

Im Textilgeschäft

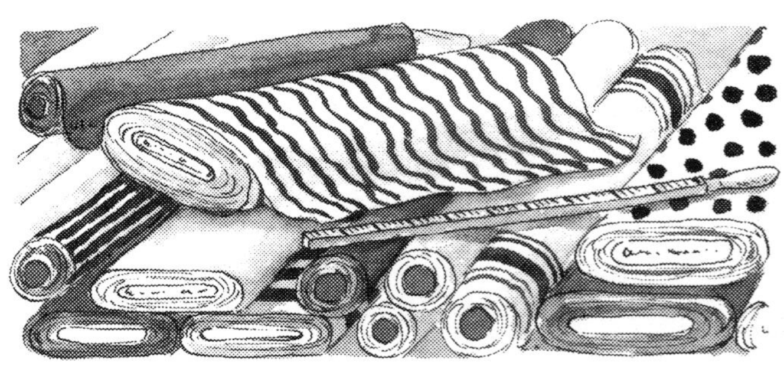

7

1 m Baumwollstoff kostet 10 €.
Herr Bergmann kauft 9 m.

Herr Bergmann muss ___ € bezahlen.

8

6 m Gardinenstoff kosten 120 €.
Was kostet 1 m Gardinenstoff?

1 m kostet ___ €.

9

8 m Vorhangstoff kosten 240 €.

1 m kostet ___ €.

10

8 m Kunstseide kosten 120 €.

1 m kostet ___ €.

In der Schreinerei

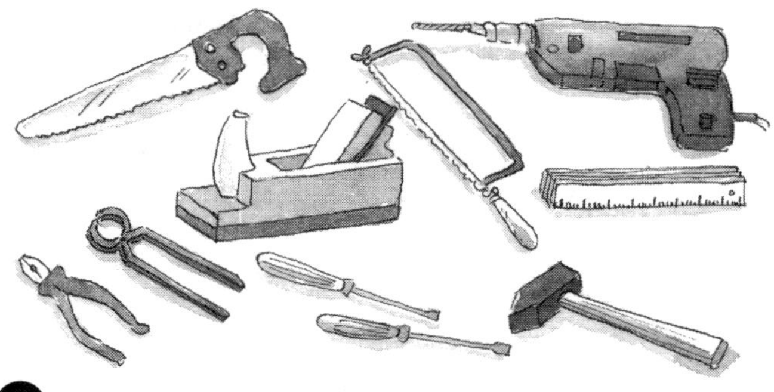

1

Es werden 7 Regalbretter hergestellt. Jedes ist 60 cm lang.

Die gesamte Stellfläche ist ___ cm lang.

2

Aus einer Rundholzstange werden 9 Stiele für Gartengeräte geschnitten. Jeder Stiel ist 40 cm lang. Die Rundholzstange muss mindestens ___ cm lang sein.

3

Aus einem 450 cm langen Brett werden 50 cm lange Regalbretter geschnitten. Es können ___ Regalbretter hergestellt werden.

4

Eine Bohle ist 630 cm lang. Daraus sollen Treppenstufen von 90 cm Länge hergestellt werden. Die Bohle ergibt ___ Treppenstufen.

5

Aus einer 240 cm langen Rundholzstange werden 30 cm lange Stiele für Gartengeräte geschnitten. Es lassen sich insgesamt ___ Stiele herstellen.

Im Park

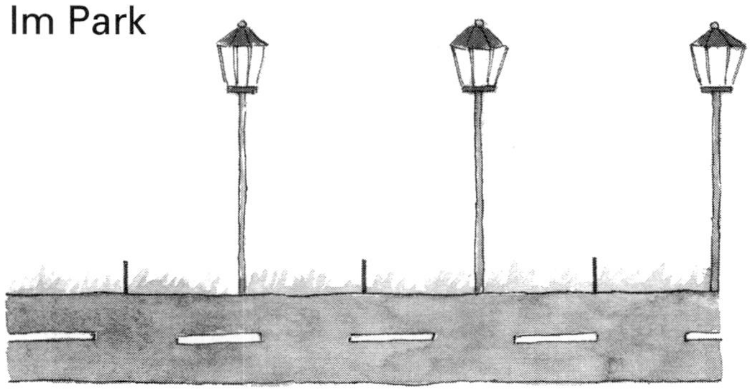

6

Eine Fahrstraße hat Streckenabschnitte von 50 m Länge. In jedem Abschnitt wird eine Laterne aufgestellt. 8 Laternen können eingerichtet werden. Die Fahrstraße ist ___ m lang.

7

Ein Parkweg hat 9 Streckenabschnitte von je 30 m Länge.

Der Parkweg ist ___ m lang.

8

Ein 810 m langer Parkweg hat Streckenabschnitte von je 90 m Länge. In jedem Abschnitt wird ein Baum gepflanzt. Es können ___ Bäume gepflanzt werden.

9

Ein Parkweg ist 480 m lang. In jedem Streckenabschnitt von 80 m wird eine Bank aufgestellt. Es können ___ Bänke aufgestellt werden.

10

Ein Weg ist 720 m lang. In jedem Streckenabschnitt von 80 m wird ein Papierkorb aufgestellt. Es können ___ Papierkörbe aufgestellt werden.

Wiederholung Multiplikation und Division

1

6 · 5 =
6 · 50 =
2 · 9 =
2 · 90 =
4 · 7 =
4 · 70 =

2

8 · 3 =
8 · 30 =
10 · 6 =
10 · 60 =
3 · 4 =
3 · 40 =

3

5 · 8 =
5 · 80 =
7 · 2 =
7 · 20 =
9 · 7 =
9 · 70 =

4

4 · 9 =
4 · 90 =
3 · 6 =
3 · 60 =
7 · 4 =
7 · 40 =

5

7 · 3 = 21

8 · 10, 5 · 7, ~~21~~, 5 · 8, 9 · 4, 63, 24, 16, 8 · 2, 4 · 6, 7 · 9, 35, 36, 2 · 4, 40, 8, 80, 2 · 5, 28, 6 · 8, 10, ~~7 · 3~~, 48, 4 · 7

6

•	20	40	80
5			
7			

200 140 560 400 240 100 280

7

•	30	60	90
3			
8			

270 90 240 150 480 720 180

8

•	10	50	70
4			
9			

280 630 450 200 50 40 90

9

10 : 2 =
4 : 2 =
6 : 3 =
9 : 3 =
18 : 3 =

10

36 : 4 =
28 : 4 =
35 : 5 =
50 : 5 =
15 : 5 =

11

18 : 6 =
54 : 6 =
28 : 7 =
63 : 7 =
49 : 7 =

12

48 : 8 =
72 : 8 =
27 : 9 =
45 : 9 =
90 : 9 =

13

60 : 20 =
100 : 20 =
80 : 20 =
240 : 30 =
180 : 30 =
270 : 30 =

4 7 9 5 6 3 8

14

200 : 40 =
320 : 40 =
120 : 40 =
450 : 50 =
200 : 50 =
350 : 50 =

9 3 5 4 7 6 8

15

360 : 60 =
480 : 60 =
240 : 60 =
630 : 70 =
350 : 70 =
490 : 70 =

9 3 4 6 8 5 7

16

400 : 80 =
640 : 80 =
560 : 80 =
810 : 90 =
270 : 90 =
540 : 90 =

8 9 6 7 3 4 5

Große Campingausstellung

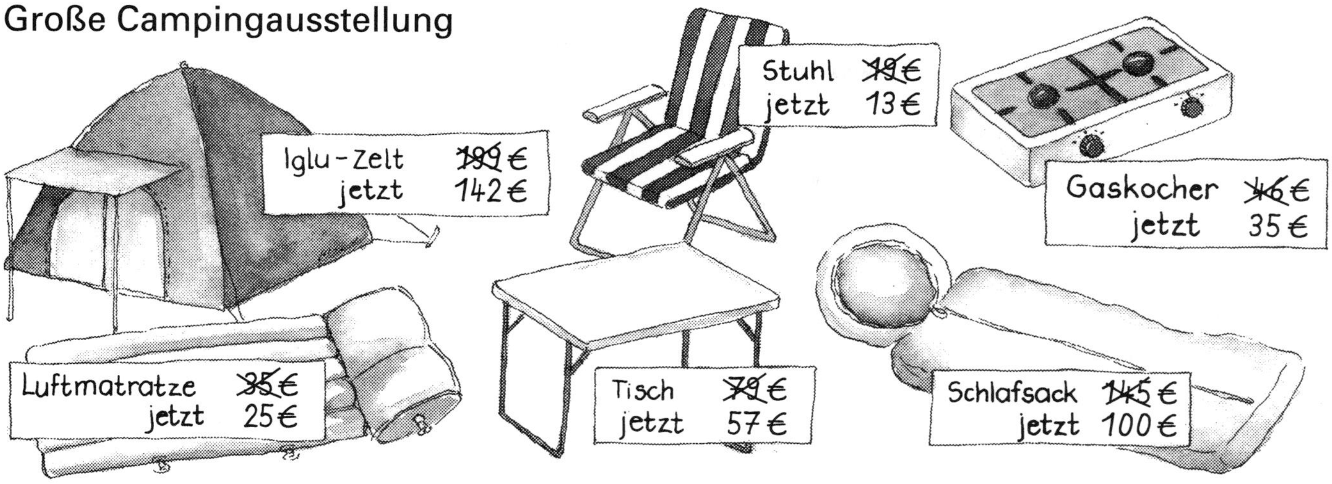

Um wieviel € wurden die Preise herabgesetzt?

1 Iglu-Zelt

Alter Preis
Neuer Preis –
Preisnachlass

Der Preis wurde um ___ € herabgesetzt.

2 Schlafsack

Alter Preis
Neuer Preis –
Preisnachlass

Der Preis wurde um ___ € herabgesetzt.

3 Luftmatratze

Alter Preis
Neuer Preis –
Preisnachlass

Der Preis wurde um ___ € herabgesetzt.

4

$425 - 213 =$ ___ $276 - 134 =$ ___

$879 - 634 =$ ___ $635 - 314 =$ ___

142 324 321 245 212

5

$528 - 214 =$ ___ $372 - 151 =$ ___

$849 - 527 =$ ___ $296 - 153 =$ ___

143 221 316 322 314

6

$798 - 462 =$ ___ $274 - 132 =$ ___

$946 - 315 =$ ___ $399 - 176 =$ ___

631 223 336 225 142

7

$692 - 541 =$ ___ $347 - 216 =$ ___

$895 - 374 =$ ___ $267 - 135 =$ ___

520 521 132 151 131

8

$364 - 152 =$ ___ $938 - 516 =$ ___

$768 - 324 =$ ___ $593 - 161 =$ ___

434 212 444 422 432

9

$679 - 435 =$ ___ $468 - 135 =$ ___

$957 - 614 =$ ___ $745 - 523 =$ ___

244 343 331 222 333

10

$892 - 471 =$ ___ $428 - 316 =$ ___

$568 - 346 =$ ___ $653 - 231 =$ ___

222 420 112 421 422

11

$538 - 417 =$ ___ $995 - 784 =$ ___

$479 - 354 =$ ___ $736 - 314 =$ ___

211 422 121 125 423

Schriftliche Subtraktion

Im Musikladen

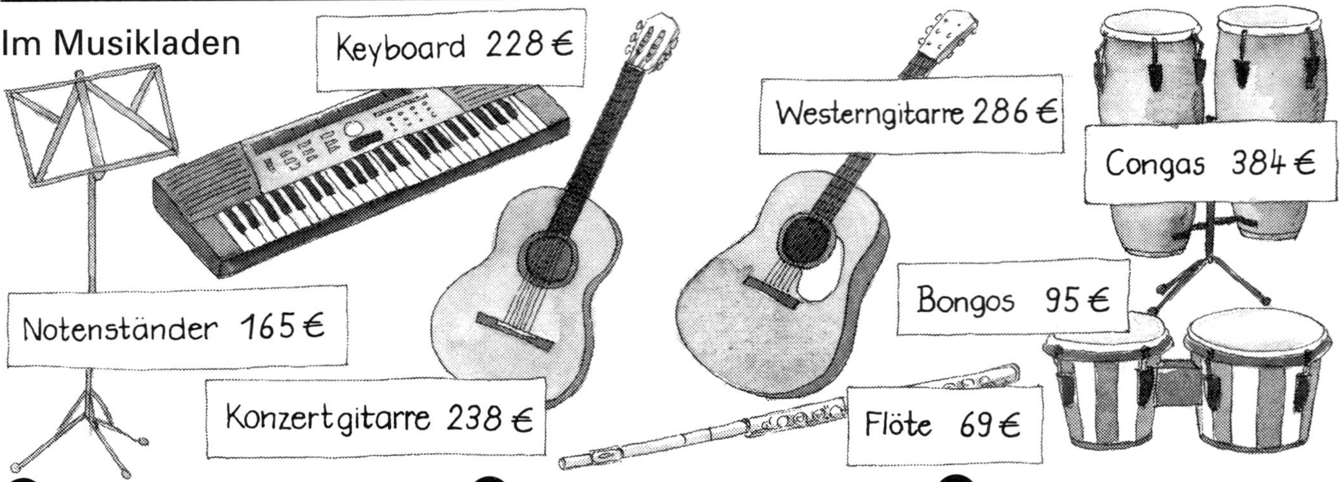

1

Moritz spart für die Westerngitarre.
Er hat 45 €.

Moritz braucht	286
Moritz hat	− 45
Es fehlen	

Moritz muss noch ___ € sparen.

2

Sandra spart für die Flöte.
Sie hat 17 €.

Sandra braucht	
Sandra hat	−
Es fehlen	

Sandra muss noch ___ € sparen.

3

Ali spart für die Bongos.
Er hat 43 €.

Ali braucht	
Ali hat	−
Es fehlen	

Ali muss noch ___ € sparen.

4

$364 - 32 =$ ___ $786 - 52 =$ ___
$679 - 36 =$ ___ $286 - 62 =$ ___

734 226 643 224 332

5

$295 - 63 =$ ___ $972 - 41 =$ ___
$594 - 52 =$ ___ $964 - 21 =$ ___

943 931 930 232 542

6

$583 - 41 =$ ___ $649 - 27 =$ ___
$475 - 54 =$ ___ $798 - 73 =$ ___

421 725 542 622 541

7

$458 - 26 =$ ___ $837 - 15 =$ ___
$857 - 34 =$ ___ $349 - 15 =$ ___

432 823 334 336 822

8

$495 - 61 =$ ___ $836 - 13 =$ ___
$649 - 6 =$ ___ $387 - 4 =$ ___

824 334 643 823 383

9

$374 - 31 =$ ___ $585 - 53 =$ ___
$594 - 1 =$ ___ $869 - 5 =$ ___

532 864 343 534 593

10

$759 - 27 =$ ___ $947 - 13 =$ ___
$276 - 3 =$ ___ $758 - 7 =$ ___

732 273 934 731 751

11

$268 - 25 =$ ___ $685 - 42 =$ ___
$473 - 1 =$ ___ $947 - 5 =$ ___

942 472 641 243 643

1

385 − 42 =
439 − 16 =
692 − 51 =
974 − 32 =

423 924 643 343 641

2

548 − 26 =
756 − 34 =
896 − 63 =
264 − 23 =

722 726 833 241 522

3

197 − 34 =
628 − 15 =
379 − 54 =
794 − 61 =

325 613 733 163 615

4

269 − 27 =
843 − 21 =
427 − 12 =
938 − 14 =

242 415 822 928 924

5

486 − 352 =
769 − 45 =
325 − 4 =
658 − 214 =

443 134 724 444 321

6

298 − 64 =
829 − 7 =
437 − 124 =
579 − 56 =

822 521 313 234 523

7

548 − 316 =
957 − 26 =
748 − 35 =
359 − 124 =

931 714 232 713 235

8

416 − 4 =
859 − 536 =
695 − 74 =
139 − 7 =

621 624 132 323 412

Trage die Aufgaben in die Stellentafel ein und rechne.

9 325 − 14   572 − 41

	H	Z	E
	3	2	5
−		1	4

10 118 − 5   796 − 64

11 658 − 32   856 − 4

12 453 − 21   589 − 57

13 319 − 6   498 − 75

14 698 − 4   576 − 35

	H	Z	E
−			

Eine Schüler-Band kauft verschiedene Instrumente. Sie erhält Preisnachlässe.

15 *

Die Congas wurden um 62 € herabgesetzt. Der neue Preis beträgt ___ €.

16 *

Das Keybord wurde um 112 € herabgesetzt. Der neue Preis beträgt ___ €.

17 *

Die Konzertgitarre kostet jetzt 175 €. Der Preisnachlass beträgt ___ €.

18 *

Der Notenständer kostet jetzt 132 €. Wie viel € konnten die Schüler sparen?

Schriftliche Subtraktion, Sonderfälle

1

368 − 248　　937 − 527

526 − 316　　285 − 145

210	130	410	120	140

2

459 − 219　　650 − 320

762 − 412　　840 − 610

350	240	250	330	230

3

248 − 143　　475 − 274

653 − 351　　836 − 531

306	302	201	105	305

4

589 − 380　　327 − 120

948 − 640　　762 − 460

308	302	209	207	304

5

835 − 813　　456 − 432

374 − 351　　543 − 522

26	21	23	24	22

6

758 − 724　　672 − 641

946 − 932　　279 − 254

31	25	14	32	34

7

479 − 303　　738 − 602

576 − 302　　347 − 105

136	139	176	242	274

8

638 − 610　　245 − 220

829 − 800　　937 − 900

29	26	25	28	37

Trage die Aufgaben in die Stellentafel ein und rechne.

9 526 − 216　　432 − 130

10 650 − 320　　738 − 715

11 329 − 310　　458 − 400

	H	Z	E
−			

12

Die Kosten für einen Judo-Kurs betragen 145 €. Stefan hat 35 € gespart.
Mutter muss noch ____ € dazugeben.

13

Verena besucht einen Tanzkurs. Der Kurs kostet 95 €. Verena hat 53 € gespart. Tante Hella muss noch ____ € dazugeben.

14

Ein Jogging-Anzug zu 98 € wurde um 45 € herabgesetzt.
Der neue Preis beträgt ____ €.

15

Ein Bademantel zu 69 € wurde um 14 € herabgesetzt.
Der neue Preis beträgt ____ €.

Wiederholung Addition

1

248 + 321 | 416 + 253

753 + 125 | 514 + 365

878 569 879 875 669

2

326 + 452 | 832 + 157

237 + 512 | 635 + 243

778 868 749 878 989

3

538 + 254 | 329 + 546

165 + 719 | 637 + 245

792 882 883 884 875

4

284 + 353 | 753 + 184

461 + 253 | 392 + 446

714 937 838 637 935

5*

641 + 36 | 253 + 25

213 + 124 + 351 | 325 + 431 + 113

699 677 688 869 278

6*

735 + 51 | 482 + 15

423 + 135 + 31 | 134 + 642 + 21

786 797 776 589 497

7*

539 + 46 | 348 + 27

316 + 31 + 242 | 241 + 26 + 532

587 589 799 585 375

8*

683 + 52 | 461 + 96

43 + 124 + 421 | 32 + 546 + 321

735 557 899 588 586

Test Schriftliche Subtraktion

438 − 216	795 − 462	376 − 134	947 − 623	589 − 336	867 − 423	689 − 357
658 − 34	297 − 63	486 − 51	749 − 16	974 − 62	536 − 24	318 − 6
352 − 120	640 − 420	728 − 304	537 − 235	253 − 241	476 − 473	862 − 801

Schriftliche Addition, dezimale Schreibweise

1

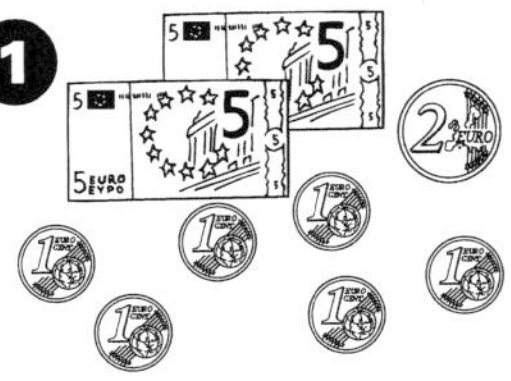

12 € + 6 Cent =
12,06 €

2

4 € + 26 Cent =
______ €

3

____ € + ____ Cent =
______ €

4

____ € + ____ Cent =
______ €

5

Schreibe mit Komma:

8 € + 25 Cent =		€
15 € + 40 Cent =		€
32 € + 3 Cent =		€
145 € + 38 Cent =		€
504 € + 5 Cent =		€

6

Trage in die Stellentafel ein und addiere:

2	5	3	8	€
				€
				€
				€

25,38 € + 2,45 € + 13,06 €

7

```
   8,75 €        5,42 €
+  1,23 €     +  0,80 €
   ____ €        ____ €
```

9,89 6,22 9,98

8

```
  23,50 €        4,62 €
+  6,25 €     + 19,15 €
   ____ €        ____ €
```

23,77 29,75 23,79

9

```
  20,40 €       40,39 €
+  0,35 €     +128,04 €
   ____ €        ____ €
```

168,43 164,34 20,75

10

Trage in die Stellentafel ein und addiere:

m		cm		
7	5	3	0	m
				m
				m
				m

75,30 m + 8,00 m + 126,07 m.

11

Schreibe mit Komma:

6 m + 48 cm =		m
23 m + 30 cm =		m
58 m + 7 cm =		m
160 m + 5 cm =		m
308 m + 40 cm =		m

12*

```
  4,26 m        6,53 m
+ 3,52 m      + 3,08 m
  ____ m        ____ m

  5,07 m        8,20 m
+ 0,30 m      + 4,38 m
  ____ m        ____ m
```

9,61 5,37 7,78
12,58 8,87

13*

```
  12,38 m        3,75 m
+  0,24 m     +  0,20 m
   ____ m        ____ m

  52,60 m        8,04 m
+  7,05 m     + 36,53 m
   ____ m        ____ m
```

43,75 12,62 3,95
44,57 59,65

14*

```
  80,46 m       423,45 m
+513,08 m      +560,25 m
   ____ m          ____ m

 729,30 m       500,00 m
+ 43,00 m      +  0,03 m
   ____ m          ____ m
```

500,03 983,70 772,30
593,54 984,60

Schriftliche Subtraktion, dezimale Schreibweise

1

Söngül hat 9,45 € Taschengeld. Eine Bootsfahrt auf dem Waldsee kostet 3,25 €. Söngül hat danach noch ___ € Taschengeld übrig.

2

Volker hat 5,80 € Taschengeld. Er kauft eine Pizza und eine Limo für zusammen 4,45 €. Volker hat nun noch ___ € Taschengeld übrig.

3*

Friederike hat 8,75 € Taschengeld. Sie bezahlt die Eintrittskarte für den Zoo. Danach hat sie noch 4,25 € übrig. Die Eintrittskarte kostet ___ €.

4*

Stefan hat 15,60 € Taschengeld. Er bezahlt für eine Runde Mini-Golf. Danach hat er noch 12,40 € übrig. Eine Runde Mini-Golf kostet ___ €.

5

4,26 € − 3,14 € = ___ €	8,75 € − 6,42 € = ___ €
7,58 € − 4,23 € = ___ €	9,46 € − 5,22 € = ___ €

2,33 4,24 1,12 3,35 3,38

6

6,57 € − 2,33 € = ___ €	5,68 € − 3,45 € = ___ €
3,75 € − 1,25 € = ___ €	8,37 € − 5,34 € = ___ €

4,24 3,03 2,23 4,25 2,50

7

35,78 € − 20,34 € = ___ €	86,92 € − 43,91 € = ___ €
156,35 € − 43,20 € = ___ €	429,18 € − 214,15 € = ___ €

113,15 15,44 216,04 43,01 215,03

8

8,36 m − 5,24 m = ___ m	4,59 m − 2,26 m = ___ m
9,65 m − 6,32 m = ___ m	7,48 m − 2,23 m = ___ m

2,33 3,33 3,12 3,35 5,25

9

5,86 m − 3,24 m = ___ m	6,87 m − 3,45 m = ___ m
8,66 m − 5,31 m = ___ m	3,98 m − 1,52 m = ___ m

2,46 3,35 3,38 3,42 2,62

10

83,64 m − 40,22 m = ___ m	37,45 m − 21,42 m = ___ m
465,42 m − 230,21 m = ___ m	632,55 m − 10,20 m = ___ m

16,03 622,35 43,42 235,21 43,44

11 Schreibe untereinander ins Heft und rechne.

8,25 € − 1,10 €	46,36 € − 3,06 €	35,90 € − 4,20 €
4,77 € − 3,25 €	58,55 € − 40,25 €	63,49 € − 2,32 €
16,25 € − 5,05 €	6,47 € − 2,37 €	4,48 € − 2,05 €

12

6,80 € − 3,20 €	59,28 € − 9,16 €	69,30 € − 2,00 €
16,55 € − 4,02 €	4,95 € − 4,93 €	34,28 € − 12,26 €
7,63 € − 5,00 €	75,32 € − 5,02 €	50,50 € − 50,40 €

Sachrechnen, Addition und Subtraktion

Alles für die Reise

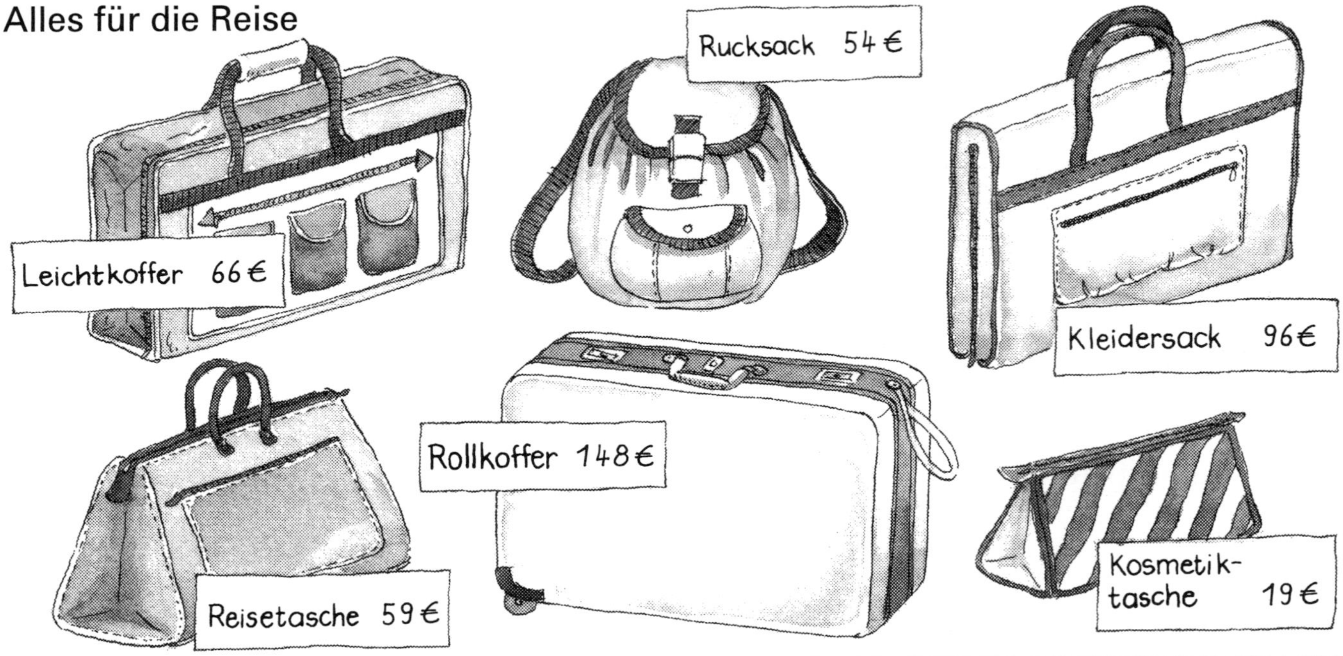

1

Leichtkoffer		66 €
Rucksack	+	54 €
gesamt		€

Rollkoffer		€
Kleidersack	+	€
gesamt		€

2

Kosmetiktasche		€
Rollkoffer	+	€
gesamt		€

Reisetasche		€
Rucksack	+	€
gesamt		€

3

Reisetasche		€
Kleidersack	+	€
gesamt		€

Rucksack		€
Rollkoffer	+	€
gesamt		€

202 167 244 206 155 113 120

Preisnachlass im Schlussverkauf

4

Rollkoffer	€	148
Nachlass	− €	35
Neuer Preis	€	

Leichtkoffer	€	
Nachlass	− €	30
Neuer Preis	€	

5

Kleidersack	€	
Nachlass	− €	25
Neuer Preis	€	

Kosmetiktasche	€	
Nachlass	− €	6
Neuer Preis	€	

6

Reisetasche	€	
Nachlass	− €	13
Neuer Preis	€	

Rucksack	€	
Nachlass	− €	10
Neuer Preis	€	

36 113 13 49 46 71 44

Auf der Baustelle

❶
Jeder Kasten enthält 6 Flaschen Sprudel. Wie viele Flaschen sind das?

❷
Jeder Stapel besteht aus 8 Brettern. Wie viele Bretter sind das?

❸
Jeder Laster bringt 20 Säcke Zement. Wie viele Säcke sind das?

❹
Jedes Paket enthält 30 Bodenfliesen. Wie viele Fliesen sind das?

❺*
180 Säcke Zement müssen geliefert werden. Der LKW kann 60 Säcke laden. Der LKW muss ___ Fahrten machen.

❻*
400 Bretter müssen geliefert werden. Der LKW kann 80 Bretter laden. Der LKW muss ___ Fahrten machen.

❼
7 · 30 = ___
7 · 50 = ___
7 · 90 = ___
7 · 80 = ___

❽
4 · 60 = ___
4 · 20 = ___
4 · 40 = ___
4 · 70 = ___

❾
9 · 40 = ___
9 · 60 = ___
9 · 80 = ___
9 · 20 = ___

❿
5 · 30 = ___
5 · 70 = ___
5 · 90 = ___
5 · 50 = ___

⓫
300 : 10 = ___
300 : 30 = ___
300 : 50 = ___
300 : 60 = ___
300 : 100 = ___

⓬
800 : 10 = ___
800 : 20 = ___
800 : 40 = ___
800 : 80 = ___
800 : 100 = ___

20 8 40 7 30 3
10 6 5 10 80

⓭*
350 : 70 = ___
540 : 9 = ___
720 : 80 = ___
250 : 50 = ___
280 : 4 = ___

⓮*
480 : 6 = ___
270 : 30 = ___
490 : 7 = ___
720 : 90 = ___
1000 : 100 = ___

10 70 80 9 8 9
5 5 7 60 30

Halbschriftliche Multiplikation

1

Für ein Schulfest wurden 8 Bleche Kuchen gebacken. Jedes Blech enthielt 32 Kuchenstücke. Berechne die Zahl aller Stücke.

32 · 8
30 · 8 = ___
2 · 8 = ___
32 · 8 = ___

Es sind ___ Stücke Kuchen.

2

Der Hausmeister kaufte 5 verschiedene Pakete Grillwürstchen. Jedes Paket enthielt 36 Grillwürstchen. Berechne die Zahl der Grillwürstchen.

36 · 5
30 · 5 = ___
6 · 5 = ___
36 · 5 = ___

Es sind ___ Grillwürstchen.

3

42 · 3	65 · 7	78 · 9	53 · 8
40 · 3 = ___	60 · 7 = ___	70 · 9 = ___	50 · 8 = ___
2 · 3 = ___	5 · 7 = ___	8 · 9 = ___	3 · 8 = ___
42 · 3 = ___	65 · 7 = ___	78 · 9 = ___	53 · 8 = ___

702 424 455 342 126

4

67 · 3	85 · 7	42 · 6	38 · 9
___ · 3 = ___	___ · 7 = ___	___ · 6 = ___	___ · 9 = ___
___ · 3 = ___	___ · 7 = ___	___ · 6 = ___	___ · 9 = ___
67 · 3 = ___	85 · 7 = ___	42 · 6 = ___	38 · 9 = ___

252 201 342 595 525

5*

Klasse 6 hatte 6 verschiedene Serien mit Losen. Jede Serie enthielt 135 Lose. Wie viele Lose gab es insgesamt?

135 · 6
100 · 6 = ___
30 · 6 = ___
5 · 6 = ___
135 · 6 = ___

Es gab insgesamt ___ Lose.

6*

Ein Vater stiftete für das Schulfest 8 Pakete Müllsäcke. Jedes Paket enthielt 125 Stück. Wie viele Säcke waren das insgesamt?

125 · 8
100 · 8 = ___
20 · 8 = ___
5 · 8 = ___
125 · 8 = ___

Es waren insgesamt ___ Säcke.

Rechne im Heft

7	8*	9*	10*
54 · 6 = ___	125 · 7 = ___	187 · 4 = ___	214 · 4 = ___
61 · 4 = ___	239 · 4 = ___	219 · 4 = ___	133 · 7 = ___
83 · 7 = ___	222 · 3 = ___	475 · 2 = ___	227 · 3 = ___
92 · 3 = ___	417 · 2 = ___	238 · 3 = ___	165 · 2 = ___
324 581 509 244 276	834 666 875 753 956	748 950 463 876 714	330 931 847 681 856

Runde zum Zehner.

1
91 ≈
78 ≈
93 ≈
59 ≈
47 ≈

2
77 ≈
92 ≈
64 ≈
51 ≈
43 ≈

3
46 ≈
53 ≈
48 ≈
31 ≈
38 ≈

Runde zum Hunderter.

4
710 ≈
660 ≈
350 ≈
520 ≈
870 ≈

5
220 ≈
860 ≈
470 ≈
620 ≈
320 ≈

6
274 ≈
133 ≈
216 ≈
355 ≈
428 ≈

7
511 ≈
286 ≈
392 ≈
434 ≈
223 ≈

8
7 Kästen ___ €
Aufgabe 18 · 7 =
Überschlag 20 · 7 =
Rechnung 18 · 7 =
10 · 7 =
8 · 7 =
18 · 7 =

9
6 Kästen ___ €
Aufgabe 19 · 6 =
Überschlag ___ · 6 =
Rechnung 19 · 6 =
10 · 6 =
9 · 6 =
19 · 6 =

10
5 Kästen ___ €
Aufgabe 13 · 5 =
Überschlag ___ · 5 =
Rechnung 13 · 5 =
10 · 5 =
3 · 5 =
13 · 5 =

Rechne im Heft. Beginne mit dem Überschlag.

11
54 · 7 =
62 · 6 =
87 · 5 =
58 · 3 =
48 · 8 =

392 372 435 174 378 384

12
93 · 5 =
86 · 7 =
75 · 3 =
34 · 8 =
42 · 9 =

602 225 378 465 272 461

13
195 · 3 =
231 · 4 =
385 · 2 =
462 · 2 =
194 · 4 =

924 585 770 924 776 860

Schriftliche Multiplikation

1

Ein Karton Kartoffel-Chips kostet 13 €.

Wie viel € kosten 3 Kartons?

Z E
13 · 3
Z E
☐☐

3 Kartons kosten ☐ €

2

Z E	Z E
12 · 4	22 · 3
Z E	Z E
☐☐	☐☐

3

Z E	Z E
21 · 4	22 · 4
Z E	Z E
☐☐	☐☐

4

Z E	Z E
23 · 3	24 · 2
Z E	Z E
☐☐	☐☐

5 31 · 3 32 · 2

6 33 · 3 33 · 2

7 11 · 4 12 · 3

8 44 · 2 43 · 2

9 13 · 3 21 · 2

10 22 · 2 31 · 2

11 23 · 2 22 · 4

12 14 · 2 31 · 3

13 21 · 3 23 · 2

14

573	161
+ 294	+ 585

639	228
+ 35	+ 91

15

857	643
− 326	− 402

675	786
− 53	− 34

16

354	426
− 142	− 213

542	439
− 31	− 28

1

Bei einem Backvorgang werden 124 Brötchen fertig.

H Z E
124 · 2
H Z E
☐☐☐

Wie viele Brötchen sind es bei 2 Backvorgängen?

Es werden ☐ Brötchen fertig.

2

H Z E	H Z E	H Z E	H Z E	H Z E	H Z E
231 · 3	421 · 2	404 · 2	323 · 3	424 · 2	313 · 3
H Z E	H Z E	H Z E	H Z E	H Z E	H Z E
☐☐☐	☐☐☐	☐☐☐	☐☐☐	☐☐☐	☐☐☐

3

243 · 2	412 · 2	333 · 3	333 · 2	122 · 4	211 · 4
☐☐☐	☐☐☐	☐☐☐	☐☐☐	☐☐☐	☐☐☐

4

134 · 2	222 · 3	222 · 4	222 · 2	133 · 3	312 · 3
☐☐☐	☐☐☐	☐☐☐	☐☐☐	☐☐☐	☐☐☐

5

202 · 3	404 · 2	304 · 2	240 · 2	301 · 3	420 · 2
☐☐☐	☐☐☐	☐☐☐	☐☐☐	☐☐☐	☐☐☐

Rechne im Heft.

6

423 · 2 = ☐
441 · 2 = ☐
232 · 3 = ☐
424 · 2 = ☐

336 696 846 882 848

7

404 · 2 = ☐
203 · 3 = ☐
302 · 2 = ☐
301 · 3 = ☐

604 609 608 903 808

8

330 · 3 = ☐
220 · 3 = ☐
110 · 5 = ☐
440 · 2 = ☐

550 660 880 330 990

Schriftliche Multiplikation mit Übertrag

1

53 · 3

64 · 2

91 · 6

83 · 2

54 · 2

83 · 3

74 · 2

30 · 7

61 · 6

40 · 6

240 159 128 546 148 249 166 210 366 412 108

Rechne im Heft.

2

32 · 4 =
51 · 4 =
92 · 4 =
81 · 4 =

324 368 516 204 128

3

21 · 5 =
52 · 3 =
51 · 4 =
91 · 5 =

307 204 105 156 455

4

62 · 2 =
83 · 3 =
51 · 8 =
50 · 8 =

400 249 408 200 124

5

41 · 8 =
42 · 4 =
43 · 3 =
44 · 3 =

129 168 132 127 328

6

23 · 7

24 · 4

29 · 2

65 · 7

46 · 7

51 · 8

62 · 7

53 · 9

84 · 6

57 · 8

654 477 58 455 322 408 434 96 504 456 161

Rechne im Heft.

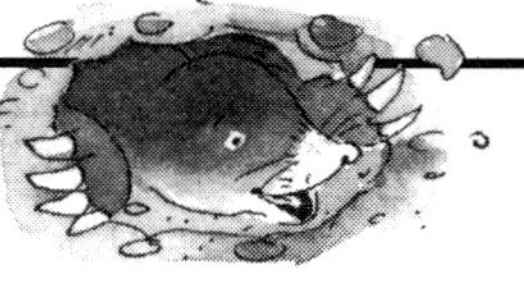

7

43 · 8 =
52 · 9 =
35 · 4 =
72 · 3 =

216 140 180 468 344

8

23 · 4 =
28 · 2 =
27 · 4 =
24 · 6 =

56 108 207 92 144

9

64 · 7 =
92 · 6 =
43 · 8 =
81 · 6 =

556 344 448 552 486

10

42 · 3 =
64 · 2 =
75 · 4 =
38 · 7 =

400 300 266 128 126

Schriftliche Multiplikation mit Übertrag

1

180 · 5	240 · 3	208 · 3	104 · 8	107 · 5

535 312 624 720 832 416 900

Rechne im Heft.

2

270 · 2 =
370 · 2 =
470 · 2 =
340 · 2 =

680 740 580 940 540

3

460 · 2 =
240 · 3 =
230 · 4 =
180 · 5 =

800 920 920 720 900

4

406 · 2 =
308 · 3 =
105 · 9 =
107 · 8 =

856 924 945 812 428

5

106 · 7 =
106 · 5 =
409 · 2 =
208 · 3 =

624 530 742 418 818

6

192 · 3	415 · 2	224 · 3	271 · 3	324 · 3

672 972 576 813 462 830

Rechne im Heft.

7

218 · 4 =
123 · 3 =
324 · 3 =
459 · 2 =

872 972 907 369 918

8

317 · 3 =
115 · 7 =
416 · 2 =
223 · 3 =

832 951 446 805 669

9

292 · 2 =
324 · 3 =
143 · 4 =
381 · 2 =

584 572 587 972 762

10

221 · 4 =
218 · 4 =
171 · 5 =
426 · 2 =

874 855 884 872 852

Test Schriftliche Multiplikation

212 · 4	318 · 3	426 · 2	107 · 6	126 · 4
240 · 3	234 · 3	251 · 3	234 · 4	93 · 5

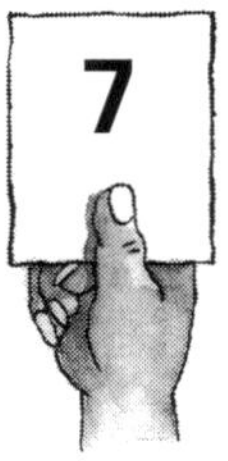

Halbschriftliche Division, Addition, Subtraktion

1

Für einen Tagesausflug nach Berlin mit 3 Personen bezahlt Herr Nittner 339 €. Wie viel € macht das für jede Person?

339 : 3 =

300 : 3 = ___
30 : 3 = ___
9 : 3 = ___

339 : 3 ___

Die Reise kostet pro Person ___ €.

2

396 : 3 =	644 : 2 =	844 : 4 =	963 : 3 =
300 : 3 = ___	600 : 2 = ___	800 : 4 = ___	900 : 3 = ___
90 : 3 = ___	40 : 2 = ___	40 : 4 = ___	60 : 3 = ___
6 : 3 = ___	4 : 2 = ___	4 : 4 = ___	3 : 3 = ___
396 : 3 ___	644 : 2 ___	844 : 4 ___	963 : 3 ___

241 322 211 132 321

Rechne im Heft.

3

393 : 3 = ___
488 : 4 = ___
448 : 4 = ___
963 : 3 = ___

321 112 123 122 131

4

642 : 2 = ___
639 : 3 = ___
848 : 4 = ___
642 : 2 = ___

122 212 321 213 321

5

636 : 3 = ___
484 : 4 = ___
862 : 2 = ___
555 : 5 = ___

121 431 222 212 111

6

963 : 3 = ___
666 : 6 = ___
369 : 3 = ___
842 : 2 = ___

421 123 141 111 321

7

461	257	369	286
+ 443	+ 516	+ 207	+ 139
___	___	___	___

416 773 576 425 904

8

473	270	530	424
+ 162	+ 431	+ 460	+ 230
___	___	___	___

635 701 990 654 380

9

246	378	468	589
− 120	− 103	− 214	− 135
___	___	___	___

275 126 254 454 446

10

476	389	878	697
− 203	− 130	− 127	− 124
___	___	___	___

573 259 751 273 386

1

Ein Tagesausflug nach Hamburg mit Hafenrundfahrt kostet für 4 Personen 164 €.

Der Tagesausflug nach Hamburg kostet für jede Person ___ €.

164 : 4 =
120 : 4 = ___
44 : 4 = ___
164 : 4 ___

2	**3**	**4**	**5**
301 : 7 =	672 : 8 =	264 : 3 =	365 : 5 =
280 : 7 = ___	640 : 8 = ___	240 : 3 = ___	350 : 5 = ___
21 : 7 = ___	32 : 8 = ___	24 : 3 = ___	15 : 5 = ___
301 : 7 ___	672 : 8 ___	264 : 3 ___	365 : 5 ___

74 84 88 73 43

6	**7**	**8**	**9**
360 : 8 =	450 : 6 =	406 : 7 =	279 : 3 =
320 : 8 = ___	420 : 6 = ___	350 : 7 = ___	270 : 3 = ___
40 : 8 = ___	30 : 6 = ___	56 : 7 = ___	9 : 3 = ___
360 : 8 ___	450 : 6 ___	406 : 7 ___	279 : 3 ___

75 58 45 93 44

10	**11**	**12**	**13**
264 : 6 =	294 : 7 =	336 : 8 =	528 : 6 =
240 : 6 = ___	280 : 7 = ___	320 : 8 = ___	480 : 6 = ___
24 : 6 = ___	14 : 7 = ___	16 : 8 = ___	48 : 6 = ___
264 : 6 ___	294 : 7 ___	336 : 8 ___	528 : 6 ___

42 44 42 88 43

14 *

213	113	426	93
48	52	103	13
302	7	42	14
16	54	5	57
+ 5	+ 314	+ 14	+ 53
___	___	___	___

420 230 590 540 584

15 *

47	120	11	94
306	34	211	35
412	21	310	66
110	6	142	72
+ 53	+ 7	+ 56	+ 51
___	___	___	___

730 928 188 318 519

Schriftliche Division

1

Eine Wochenendfahrt nach Weimar kostet für ein Ehepaar 486 €.
Wie teuer wird die Fahrt für jeden?

H Z E — H Z E

4 8 6 : 2 =

Probe

· 2

Jeder muss € bezahlen.

2

Eine Busreise nach Bremen kostet für 3 Personen 393 €.
Wie teuer wird die Fahrt für jeden Teilnehmer?

H Z E — H Z E

3 9 3 : 3 =

Probe

· 3

Jeder muss € bezahlen.

3

Eine Bahnreise nach München kostet für 4 Personen 448 €.
Wie viel € muss jeder Teilnehmer bezahlen?

H Z E — H Z E

4 4 8 : 4 =

Probe

· 4

Jeder muss € bezahlen.

4 6 9 6 : 3 =

5 8 4 6 : 2 =

6 8 6 8 : 2 =

Rechne im Heft.

7

369 : 3 =	444 : 2 =	484 : 4 =	633 : 3 =
669 : 3 =	442 : 2 =	488 : 4 =	663 : 3 =

132 122 121 221 222 223 123 211 221

8

6 4 : 4 =

5 4 : 3 =

7 2 : 4 =

8 7 : 3 =

29 31 18 16 18

1

Sieben Tennisspieler nehmen an einem Training teil. Insgesamt werden 868 € bezahlt. Wie viel € entfallen auf jeden Teilnehmer?

8 6 8 : 7 = ☐☐☐

☐☐☐ · 7

Jeder Teilnehmer muss ☐ € bezahlen.

2

Vier Jugendliche nehmen an einem Surf-Lehrgang teil. Insgesamt fällt eine Gebühr von 728 € an. Wie viel € muss jeder bezahlen?

7 2 8 : 4 = ☐☐☐

☐☐☐ · 4

Jeder Teilnehmer muss ☐ € bezahlen.

3

Fünf Mädchen nehmen an einem Skikurs teil. Die Gebühren betragen insgesamt 805 €. Wie viel € entfallen auf jede Teilnehmerin?

8 0 5 : 5 = ☐☐☐

☐☐☐ · 5

Jeder Teilnehmer muss ☐ € bezahlen.

Rechne im Heft.

4

768 : 6 = ☐
861 : 3 = ☐
675 : 5 = ☐
968 : 4 = ☐

138 242 135 128 287

5

685 : 5 = ☐
868 : 7 = ☐
508 : 4 = ☐
605 : 5 = ☐

124 137 127 121 138

6

854 : 7 = ☐
865 : 5 = ☐
516 : 4 = ☐
423 : 3 = ☐

129 173 122 412 141

7

76 : 4 = ☐
56 : 4 = ☐
96 : 6 = ☐
57 : 3 = ☐

14 16 17 19 19

8

54 : 3 = ☐
78 : 3 = ☐
68 : 4 = ☐
72 : 4 = ☐

18 17 19 26 18

9

78 : 6 = ☐
84 : 6 = ☐
65 : 5 = ☐
95 : 5 = ☐

13 13 16 14 19

Test Schriftliche Division

915 : 3 = ☐	864 : 4 = ☐	875 : 7 = ☐	732 : 6 = ☐
812 : 2 = ☐	612 : 4 = ☐	861 : 7 = ☐	426 : 6 = ☐
545 : 5 = ☐	369 : 3 = ☐	492 : 4 = ☐	296 : 4 = ☐

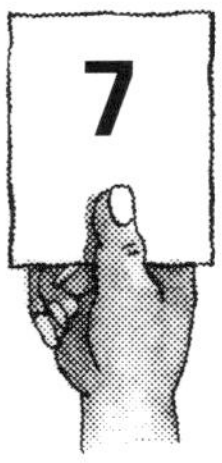

Schriftliche Division, Wiederholung Addition

1

Berechne den Fahrpreis für eine Person.
Eine Person muss ____ € bezahlen.

Ferienwohnungen frei!

6

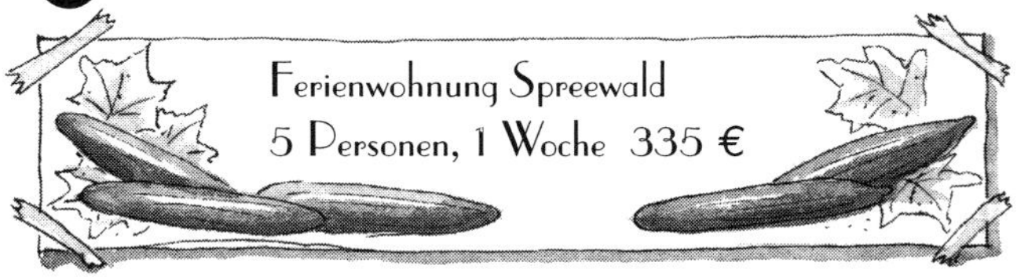

Berechne die Kosten für 1 Person.
Eine Person muss ____ € bezahlen.

7

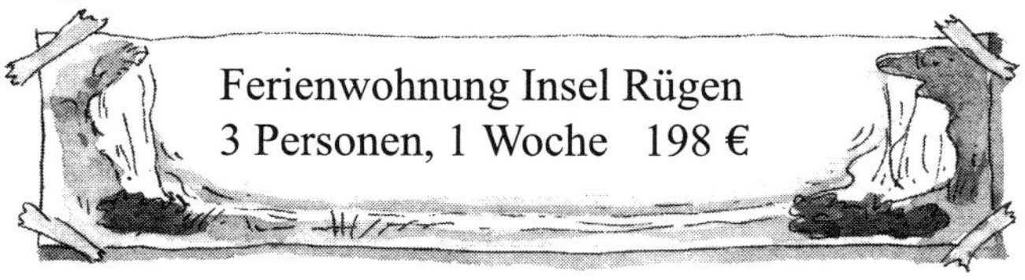

Berechne die Kosten für 1 Person.
Eine Person muss ____ € bezahlen.

2

825 : 5 = ____
438 : 2 = ____
822 : 6 = ____
453 : 3 = ____
624 : 4 = ____

165 137 156 219 217 151

3

826 : 7 = ____
537 : 3 = ____
745 : 5 = ____
678 : 3 = ____
848 : 4 = ____

179 118 149 212 226 246

4

999 : 9 = ____
870 : 6 = ____
972 : 3 = ____
984 : 8 = ____
680 : 5 = ____

145 136 111 324 123 136

5

868 : 4 = ____
994 : 7 = ____
924 : 6 = ____
774 : 3 = ____
624 : 2 = ____

258 312 217 314 142 154

8

630 : 5 = ____
904 : 4 = ____
945 : 3 = ____
872 : 2 = ____
858 : 6 = ____

436 322 143 315 226 126

9

738 : 3 = ____
636 : 4 = ____
798 : 7 = ____
865 : 5 = ____
954 : 3 = ____

114 246 257 159 173 318

10

182 + 317 = ____
234 + 542 = ____
546 + 239 = ____
429 + 446 = ____
318 + 435 = ____
359 + 532 = ____

499 753 875 891 785 818 776

11

320 + 569 = ____
290 + 436 = ____
470 + 525 = ____
230 + 458 = ____
130 + 628 = ____
490 + 354 = ____

688 995 726 889 758 844 736

12

403 + 325 = ____
217 + 209 = ____
304 + 462 = ____
539 + 306 = ____
205 + 443 = ____
422 + 407 = ____

648 829 426 766 728 446 845

13*

285 + 367 = ____
496 + 238 = ____
504 + 308 = ____
407 + 209 = ____
178 + 346 = ____
384 + 497 = ____

881 734 662 812 524 616 652

Schriftliche Division, Wiederholung Subtraktion

1

612 : 3 =
832 : 4 =
749 : 7 =
921 : 3 =
824 : 4 =

308 107 307 208 206 204

2

416 : 2 =
535 : 5 =
436 : 4 =
327 : 3 =
654 : 6 =

109 107 208 109 109 108

3

Am Treffpunkt sind 424 Wanderer.
Sie werden in 4 Gruppen eingeteilt.

In einer Gruppe sind ___ Teilnehmer.

4

735 : 7 =
812 : 4 =
856 : 8 =
627 : 3 =
832 : 8 =

104 106 107 105 203 209

5

615 : 3 =
828 : 4 =
618 : 6 =
924 : 3 =
814 : 2 =

407 205 103 306 308 207

6

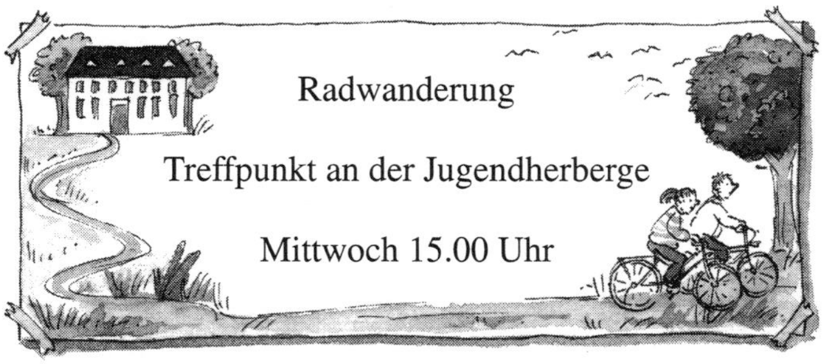

An der Radwanderung wollen
327 Mädchen und Jungen teilnehmen.
Sie werden in 3 Gruppen eingeteilt.

In einer Gruppe sind ___ Teilnehmer.

7

648 : 6 =
525 : 5 =
618 : 2 =
627 : 3 =
714 : 7 =

102 105 108 306 309 209

8

515 : 5 =
816 : 4 =
654 : 6 =
832 : 4 =
918 : 9 =

102 103 104 204 208 109

9

596 − 375
894 − 653
698 − 476
586 − 362
777 − 345
984 − 672

221 312 224 222 241 322 432

10

478 − 236
639 − 417
876 − 542
965 − 732
579 − 248
798 − 486

312 331 222 421 242 233 334

11

746 − 424
398 − 276
469 − 257
784 − 353
665 − 343
979 − 765

322 212 431 214 122 322 324

12*

537 − 227
845 − 525
390 − 270
642 − 320
485 − 283
647 − 634

202 13 120 322 310 320 207

Schriftliche Division, Sonderfälle

1

Zu den Ferienspielen haben sich 605 Jungen und Mädchen angemeldet. Am ersten Tag werden sie in 5 Gruppen eingeteilt.
In jeder Gruppe sind ___ Teilnehmer.

2

An einem Besuch im Zirkus wollen 405 Jungen und Mädchen teilnehmen. Die Gruppe wird auf 3 Vorstellungen gleichmäßig verteilt. In eine Vorstellung gehen ___ Teilnehmer.

3

504 : 4 = ___
504 : 3 = ___
504 : 2 = ___
604 : 4 = ___
608 : 4 = ___

151 126 252 213 152 168

4

702 : 3 = ___
704 : 4 = ___
702 : 6 = ___
704 : 2 = ___
705 : 5 = ___

236 141 234 352 117 176

5

708 : 3 = ___
805 : 7 = ___
708 : 4 = ___
804 : 3 = ___
708 : 6 = ___

236 268 118 177 115 248

6

807 : 3 = ___
903 : 7 = ___
408 : 3 = ___
905 : 5 = ___
908 : 4 = ___

136 181 127 129 227 269

7

Am Sportnachmittag beteiligen sich 408 Jungen und Mädchen. Sie werden gleichmäßig auf 4 Sportplätze verteilt. Auf einen Sportplatz kommen ___ Teilnehmer.

8*

Zum Spielfest kommen 208 Zuschauer. Jeder erhält ein Freilos, aber nur jeder zweite gewinnt.
Es müssen ___ Gewinnlose ausgegeben werden.

9

406 : 2 = ___
309 : 3 = ___
606 : 2 = ___
505 : 5 = ___
804 : 4 = ___

103 203 303 101 201 202

10

909 : 3 = ___
604 : 2 = ___
707 : 7 = ___
206 : 2 = ___
408 : 4 = ___

104 103 102 101 302 303

11

402 : 2 = ___
808 : 4 = ___
306 : 3 = ___
909 : 9 = ___
404 : 2 = ___

204 202 201 202 102 101

12

606 : 3 = ___
806 : 2 = ___
808 : 4 = ___
903 : 3 = ___
906 : 3 = ___

403 302 301 202 203 202

13

669 : 3 = ___
858 : 6 = ___
936 : 4 = ___
586 : 2 = ___
896 : 7 = ___

293 223 156 234 128 143

14

692 : 4 = ___
952 : 8 = ___
954 : 3 = ___
478 : 2 = ___
816 : 6 = ___

173 318 239 328 119 136

15

735 : 5 = ___
981 : 9 = ___
872 : 4 = ___
474 : 3 = ___
945 : 7 = ___

158 147 146 218 135 109

16

784 : 2 = ___
882 : 6 = ___
915 : 5 = ___
768 : 4 = ___
495 : 3 = ___

157 183 392 192 147 165

1

Am Ende der Ferienspiele ist ein Fest geplant. Für die Vorbereitung in den 5 Gruppen sind 470 € gespendet worden. Jede Gruppe erhält ___ € für die Vorbereitung.

2

Eine Firma hat 930 Flaschen Limo gestiftet. Die Getränke werden auf 6 Stände verteilt.
Jeder Stand erhält ___ Flaschen Limo.

3

590 : 5 =
470 : 2 =
690 : 6 =
920 : 8 =
860 : 4 =

116 215 115 118 235 115

4

930 : 6 =
620 : 4 =
630 : 5 =
790 : 2 =
910 : 2 =

395 126 155 375 455 155

5

530 : 2 =
775 : 5 =
810 : 6 =
870 : 6 =
920 : 5 =

135 265 145 155 165 184

6

860 : 5 =
690 : 2 =
620 : 5 =
990 : 6 =
850 : 2 =

172 425 324 345 124 165

7

Der Festplatz soll mit 480 Fähnchen geschmückt werden. Diese Aufgabe übernehmen 4 Jungen. Jeder erhält gleich viele Fähnchen.
Jeder Junge erhält ___ Fähnchen.

8

Für die Verlosung sind 750 Lose vorgesehen. Sie sollen an 3 Tischen verkauft werden.
Auf jeden Tisch entfallen ___ Lose.

9

840 : 6 =
560 : 2 =
720 : 4 =
850 : 5 =
390 : 3 =

130 140 150 170 180 280

10

780 : 6 =
840 : 7 =
750 : 5 =
810 : 3 =
760 : 4 =

120 130 150 190 260 270

11

480 : 3 =
980 : 7 =
850 : 5 =
960 : 3 =
680 : 4 =

320 310 140 160 170 170

12

640 : 2 =
870 : 3 =
960 : 8 =
950 : 5 =
960 : 6 =

120 160 190 290 310 320

Test Schriftliche Division

892 : 4 =	609 : 3 =	535 : 5 =	692 : 4 =
612 : 3 =	889 : 7 =	896 : 8 =	910 : 7 =
908 : 4 =	636 : 6 =	768 : 3 =	744 : 6 =
992 : 8 =	744 : 4 =	750 : 6 =	875 : 5 =
795 : 5 =	946 : 2 =	927 : 9 =	756 : 7 =

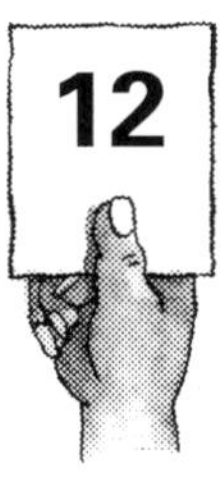

Schriftliche Subtraktion mit Überschreiten

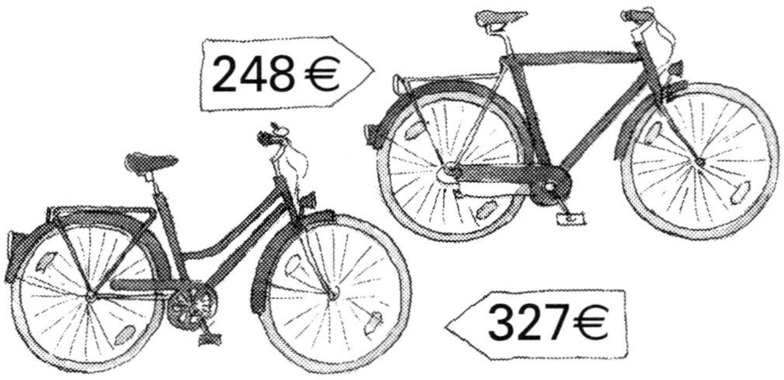

1
Katrin hat 465 € gespart.
Sie kauft das Damenrad.
Katrin behält ___ € übrig.

2
Kemal hat 376 € gespart.
Er kauft das Herrenrad.
Kemal behält ___ € übrig.

3
Horst hat 282 € auf seinem Konto.
Er kauft einen Sattel für 45 €.
Horst verbleiben noch ___ € auf seinem Konto.

4
Sandra und Marco haben zusammen 474 €. Sie kaufen 2 Fahrradhelme für 78 €. Sandra und Marco behalten ___ € übrig.

5

672 − 346 = ___	437 − 219 = ___
756 − 428 = ___	973 − 536 = ___

218 328 437 326 228

6

573 − 249 = ___	385 − 157 = ___
662 − 325 = ___	895 − 647 = ___

228 248 324 337 347

7

743 − 426 = ___	977 − 748 = ___
578 − 349 = ___	462 − 236 = ___

226 229 229 337 317

8

391 − 165 = ___	864 − 525 = ___
675 − 427 = ___	782 − 454 = ___

226 248 264 328 339

9

524 − 216 = ___	875 − 436 = ___
853 − 327 = ___	761 − 523 = ___
679 − 453 = ___	952 − 628 = ___

439 526 324 429 308 238 226

10

654 − 528 = ___	746 − 319 = ___
492 − 264 = ___	586 − 328 = ___
854 − 524 = ___	786 − 437 = ___

136 126 228 330 258 427 349

11

964 − 726 = ___	545 − 318 = ___
372 − 256 = ___	685 − 659 = ___
535 − 417 = ___	846 − 527 = ___

26 116 118 125 227 238 319

12 *

490 − 253 = ___	672 − 406 = ___
804 − 503 = ___	940 − 527 = ___
482 − 209 = ___	536 − 227 = ___

434 309 273 413 301 266 237

Schriftliche Subtraktion mit Überschreiten

1

Frau Peters kauft den billigeren Staubsauger. Sie hat 255 € bei sich. Frau Peters behält ___ € übrig.

2

Für das Büro kauft Frau Braun den fahrbaren Staubsauger. Sie hat 326 € auf dem Konto. Nach Abzug des Betrages sind noch ___ € auf dem Konto.

3

Lukas verdient im Monat 915 €. Davon bezahlt er 128 € Krankenversicherung. Lukas hat noch ___ €.

4

Kim kauft ein Radio für 214 €. Sie gibt der Verkäuferin 250 €. Kim erhält ___ € zurück.

5

529 − 346 = ___
645 − 283 = ___
758 − 394 = ___
826 − 573 = ___

364 362 273 253 183

6

937 − 582 = ___
454 − 171 = ___
315 − 164 = ___
678 − 385 = ___

283 293 151 355 391

7

857 − 485 = ___
746 − 374 = ___
519 − 257 = ___
957 − 693 = ___

262 264 284 372 372

8

325 − 157 = ___
639 − 466 = ___
814 − 532 = ___
769 − 476 = ___

168 173 272 282 293

9

426 − 209 = ___
735 − 492 = ___
635 − 287 = ___
834 − 462 = ___
523 − 356 = ___
914 − 632 = ___

167 217 244 243 282 372 348

10

658 − 483 = ___
536 − 244 = ___
749 − 456 = ___
928 − 745 = ___
848 − 594 = ___
416 − 253 = ___

183 175 163 254 292 293 285

11

318 − 153 = ___
867 − 495 = ___
436 − 219 = ___
658 − 276 = ___
768 − 493 = ___
934 − 680 = ___

175 165 217 254 275 372 382

12*

613 − 405 = ___
530 − 254 = ___
436 − 190 = ___
824 − 576 = ___
743 − 396 = ___
952 − 567 = ___

276 248 246 208 347 352 385

Zweisatz, Einheit und Vielheit

Obst- und Gemüsemarkt

1

Wie viel Gramm wiegen 3 Schalen?

1 Schale	250 g
3 Schalen	3 · 250 g
Rechnung:	250 · 3 = ___

3 Schalen Erdbeeren wiegen ___ g.

2

Ein Bund Petersilie wiegt 75 g.
Frau Geisen kauft 4 Bund.
Die 4 Bund Petersilie wiegen ___ g.

3

Oliver kauft 5 Bund Radieschen.
Ein Bund wiegt 150 g.
5 Bund Radieschen wiegen ___ g.

4

Im Kochrezept werden für eine Person 90 g Feldsalat angegeben. Am Kochunterricht nehmen 8 Schüler teil. Es werden ___ g Feldsalat gebraucht.

5

Im Backrezept werden für einen Apfelkuchen 3 kg Äpfel angegeben. Für das Schulfest sollen 6 Kuchen gebacken werden. ___ kg Äpfel werden gebraucht.

6

Ein Gastwirt bestellt für eine große Feier 7 Kisten Spargel. In einer Kiste sind 8 kg Spargel.
Der Wirt erhält ___ kg Spargel.

7

Frau Kühl kauft 3 Hürden Bohnen zum Einfrieren. Eine Hürde enthält 12 kg Bohnen. Frau Kühl kann ___ kg Bohnen einfrieren.

8

Bäcker Nolde kauft 9 Kisten Pflaumen. Jede Kiste enthält 15 kg Pflaumen. Bäcker Nolde erhält ___ kg Pflaumen.

9

Für die Imbiss-Stube kauft Max 6 Säcke Kartoffeln. Ein Sack wiegt 25 kg. Max muss ___ kg Kartoffeln transportieren.

Rechne im Heft.

10

53 · 9 = ___
29 · 7 = ___
36 · 5 = ___
47 · 8 = ___
62 · 4 = ___

180 160 203 477 376 248

11

74 · 8 = ___
49 · 6 = ___
93 · 7 = ___
86 · 9 = ___
57 · 3 = ___

651 774 246 171 592 294

12

126 · 4 = ___
207 · 3 = ___
145 · 6 = ___
139 · 5 = ___
436 · 2 = ___

504 520 621 695 870 872

13

315 · 3 = ___
227 · 4 = ___
178 · 5 = ___
109 · 6 = ___
136 · 7 = ___

654 684 908 890 945 952

1

Spiele für viele

Für 9 Spielgruppen stehen 18 Stunden in der Halle zur Verfügung.

9 Gruppen	18 h
1 Gruppe	18 h : 9

Rechnung: 18 : 9

Eine Gruppe kann über ____ h verfügen.

Projektwoche Sport: Die Schule Amselweg plant eine Sportprojektwoche. Dazu müssen verschiedene Angaben ermittelt werden.

Betr.: Sportprojektwoche!
Vorschläge bei Sportlehrerin
Witt einreichen.

2

Schnupperangebot Skateboard

Skateboard-Fahren wird an 4 Tagen angeboten. Insgesamt sind 12 Stunden vorgesehen.

Pro Tag können ____ h für Skateboard-Fahren eingeplant werden.

3

Schnupperangebot Kanufahren

Für Kanufahren werden 15 Stunden angesetzt. Eine Gruppe kann 3 Stunden üben.

Es können sich ____ Gruppen zum Kanufahren melden.

4

Orientierungslauf

Für den Orientierungslauf werden 360 Minuten für 8 Gruppen eingeplant.

Jede Gruppe hat für den Lauf ____ min Zeit.

5

Trampolinspringen

Täglich gibt es 120 Minuten Trampolin-Springen für Vierergruppen. Jede Vierergruppe hat 20 Minuten Springzeit.

Pro Tag können ____ Vierergruppen springen.

6

Federball / Badminton

Das Spielfeld für Badminton ist täglich 240 Minuten für 6 Gruppen frei.

Jede Gruppe hat ____ min Spielzeit.

7

Hallenhockey

Das Hockeyfeld kann von 8 Mannschaften pro Tag 200 Minuten genutzt werden.

Jede Mannschaft hat ____ min Spielzeit.

Rechne im Heft.

8

804 : 4 = ____
675 : 5 = ____
771 : 3 = ____
708 : 6 = ____
698 : 2 = ____

349 257 218 118 135 201

9

994 : 7 = ____
972 : 9 = ____
618 : 3 = ____
790 : 5 = ____
984 : 8 = ____

123 153 108 142 158 206

10

580 : 5 = ____
938 : 7 = ____
564 : 2 = ____
972 : 4 = ____
654 : 6 = ____

116 119 109 134 282 243

11

909 : 3 = ____
992 : 8 = ____
868 : 4 = ____
845 : 5 = ____
858 : 3 = ____

134 124 217 303 286 169

Durchschnitt s, min, h und Tage

Familie Koll ist umgezogen.
Gina und Nils wollen feststellen, wie viel Zeit sie durchschnittlich für den Weg zur Schule und zur Bushaltestelle benötigen. Sie schreiben die Minuten in einer Tabelle auf.

Rechne im Heft.

Schulweg	Gina	Nils
Montag	28 min	27 min
Dienstag	31 min	29 min
Mittwoch	29 min	31 min
Donnerstag	34 min	28 min
Freitag	33 min	30 min

1 Gina braucht durchschnittlich ___ Minuten für den Schulweg.

2 Nils braucht durchschnittlich ___ Minuten für den Schulweg.

Weg zum Bus	Gina	Nils
Montag	8 min	9 min
Dienstag	7 min	7 min
Mittwoch	6 min	8 min
Donnerstag	8 min	9 min
Freitag	6 min	7 min

3
Zur Bushaltestelle braucht Gina im Durchschnitt ___ Minuten.

4
Nils braucht im Durchschnitt ___ Minuten bis zur Haltestelle.

5 Gina

Seilspringen
28 s
25 s
40 s
31 s
___

Rechne:

___ : ___ = ___

Die durchschnittliche Zeit beträgt ___ s.

6 Nils

Radfahren pro Woche
10 h
12 h
14 h
8 h
11 h
___

Nils fährt durchschnittlich ___ h in der Woche Rad.

7 Herr Koll

Arbeitstage außerhalb
11 Tage
13 Tage
12 Tage
9 Tage
13 Tage
14 Tage
___

Im Durchschnitt arbeitet Herr Koll an ___ Tagen außerhalb.

8 Frau Koll

Weg zur S-Bahn
18 min
23 min
19 min
21 min
19 min
___

Frau Koll braucht zur S-Bahn durchschnittlich ___ min.

Durchschnitt g und kg

Schulküche

In einer Schulküche soll der durchschnittliche Verbrauch von Butter, Zucker, Kartoffeln und Gemüse an vier Tagen festgestellt werden.

1
Lara schreibt den Butterverbrauch auf:
210 g, 180 g, 230 g, 80 g.
Es wurden im Durchschnitt ___ g Butter verbraucht.

2
Anna notiert den Zuckerverbrauch:
150 g, 125 g, 75 g, 130 g.

Im Durchschnitt wurden ___ g Zucker verbraucht.

3
Fredo schreibt den Kartoffelverbrauch auf:
2 kg, 3 kg, 5 kg, 2 kg.
Im Durchschnitt wurden ___ kg Kartoffeln verbraucht.

4
Markus schreibt den Gemüseverbrauch auf:
3 kg, 6 kg, 5 kg, 2 kg.
Es wurden durchschnittlich ___ kg Gemüse zubereitet.

Berechne im Heft jeweils den Durchschnitt.

5

22	36	24
27	38	19
32	43	26
___	___	___

23 27 28 39

6

45	88	92
62	78	98
55	74	86
___	___	___

52 80 54 92

7

17	56	87
19	64	91
21	66	89
___	___	___

18 19 62 89

8

76	66	95
87	72	84
68	67	91
89	59	62
___	___	___

83 80 82 66

9 ✶

163	207	222
182	186	198
193	201	225
178	194	187
___	___	___

179 197 181 208

10 ✶

158	209	143
163	193	155
169	206	162
170	204	148
___	___	___

152 165 154 203

11

215	318	295
227	290	302
236	307	297
___	___	___

226 298 228 305

12

114	137	128
117	145	135
96	138	142
___	___	___

111 135 109 140

13

305	253	209
295	246	206
306	260	203
___	___	___

256 253 302 206

Wiederholung

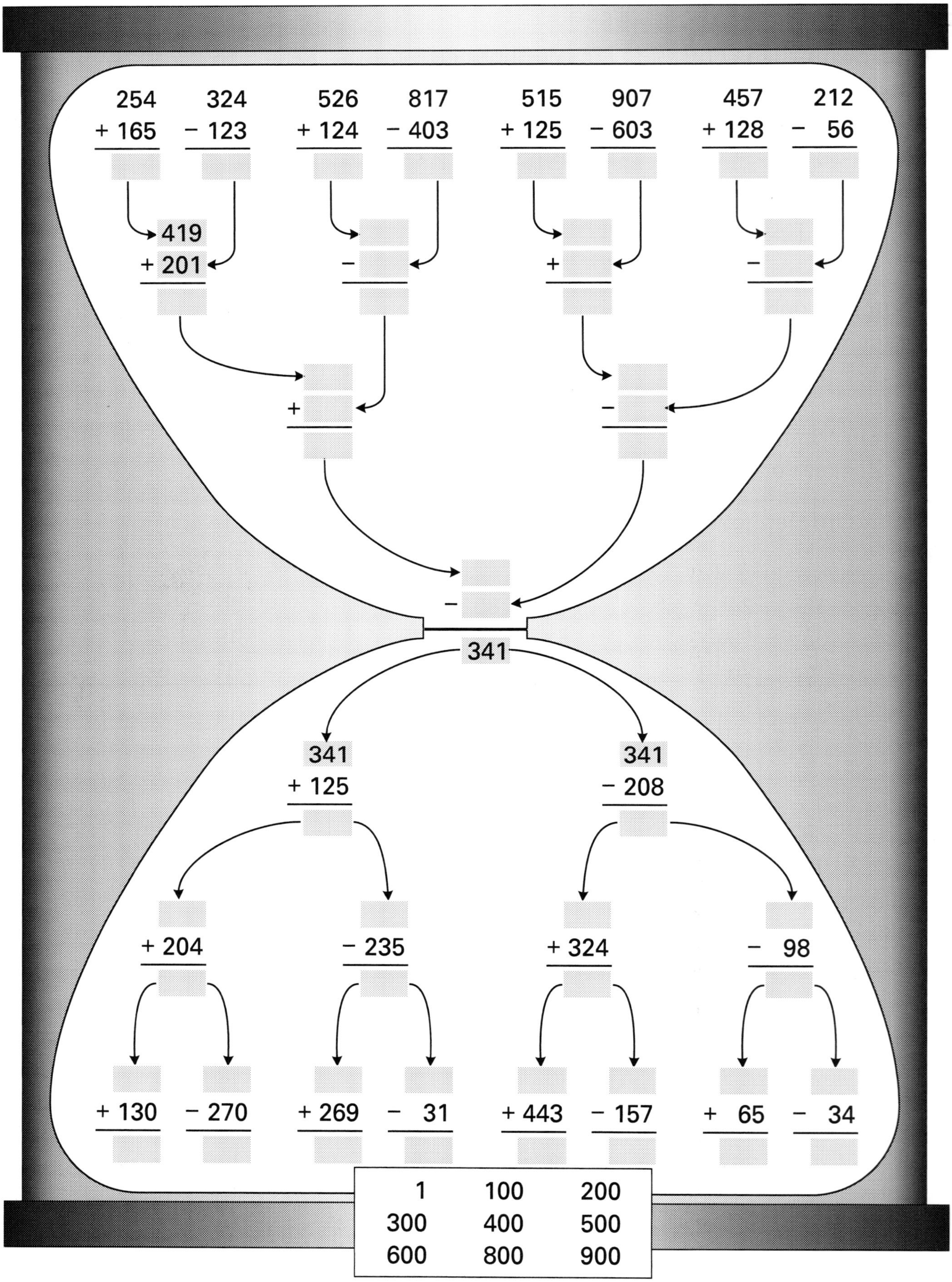